❶ 序

本稿はわずか 32 ページで量子力学の基本を説明してしまおうという、かなり野心的な試みである。もともと、とある物理系サークルへの寄稿だったが、いざ書いてみると暗黒通信団向きのものになりそうなので、続きも書いて整理することにした。本稿は次の指針に則って書かれた。それは「実験に逃げない」「難しい数式は避ける」「歴史的背景は無視する」という三つだ。物理だから根底に観測事実があるのは当然だが、何か理解できないようなことに対して、「実験してそうなったから認めなさい」と言われても納得できるわけがない。なぜなら実験は事実を示すものであり、事実の裏にある理由は人間が考えることだからだ。何か理解できないようなことに対しては、結局のところ理解したい本人が頑張って考える以外にはない。しかし考えるときに、難解な（例えば高校生に分からないような）数式を展開しても、書いてるほうだって分からないから、数式はできる限り簡単なものしか使わないようにし、むしろそうした数式が立てられるに至った背景を日本語で書くことにする。e^{ix} や偏微分や基底変換は避けられないから簡潔に解説することにしたが、「固有値」「固有ベクトル」という語は（本質的で大事なのだが）話を分かりにくくする感じがあったので極力使わないようにした。

さらに、歴史的な背景についても極力削除する。例えば特殊相対性理論が生まれる背景には、電磁場と力学に関する深刻な矛盾があった。ディラック方程式も、もともとは電子を記述することに特化して作られたものだ。それらは確かに事実そうなのだが、本稿では一応、現代から発展の曲折を俯瞰し、様々な枝葉をバッサリ削除し、最も分かりやすいと思われる一本の筋道だけを優先して記述する。その結果、スピンのように重要な概念さえも削除されている。

つけ加えるなら、これは同人誌であって院試対策のマニュアルではないから、井戸型ポテンシャルとか水素原子とか、そういった試験向けの話も削除してある。本稿で例示している計算…唯一バネ…はストーリー上必須なので書いている。執筆者の興味は、読者に対し、「超絶難解と言われる量子力学が、実はそれほど難しいわけではないぞ」という幻覚を植えつけることであり、厳密な論証を踏む教科書を書くことではない。本稿は、重要な概念を示しつつ、こみいった計算はバッサリ回避する。こんな冊子を手に取ったのも運の尽き、覚悟して最後までおつきあい願いたい。なお、本稿制作にあたり、KEK(高エネルギー加速器研究機構) の藤本さん[*1]に、助言等多方面にわたりお世話になった。ありがとうございます。

❷ 粒子と波

[*1] 本当は「先生」と呼びたいのだが、氏は名古屋学派だそうなので「さん」でなくてはいけない。

❶ 特殊相対性理論

世界の本質は、粒子なのか波なのか、それとも別のものなのか？ 誰でも考える難問だ。粒子も波も、どちらもエネルギーと運動量を有限の速度で運ぶ。波束であれば粒子と同じように数えられる。波は媒質の影響を受けるが、粒子だって「場」の影響を受ける。それでは、粒子と波はどこが違うのか？

　一つの本質的な違いは因果律を常に満たすかどうかだ。仮に距離100mと200m先で同時に自動車事故が起こったとする。音波のスピードは空気の密度によって決まり、別に自動車事故の状況には関係ない。だから事故の音は、空気が一様であれば常に100m先のほうが先に聞こえる。しかし、破片が飛び散ってくる場合はそうではないかもしれない。もしも200m先の事故だけが、向こう側からやってきたダンプによる追突事故だとしたら、破片のスピードはダンプのスピードぶんが加算されているため、超高速になり、もしかしたら100m先の事故よりさきに飛んでくるかもしれない。もう少し広くとらえると、何かしら現象が起こるときに、粒子の場合は、その現象の原因となった状況を反映したスピードで進み（これは飛んでくる粒子が飛び出す瞬間に、衝突に関係した粒子の間で運動量とエネルギーの保存を満たさないといけないことからくる）、波の場合は、現象ではなく途中経路の媒質状態を反映したスピードで進む。その結果として、もしも世界の本質が粒子であり、粒子だけしか観測できないのならば、同時に起きた現象が同時ではないと観測され、場合によっては原因と結果が逆転して観測されてしまうかもしれないわけだ。例えば今の例なら、音の聞こえない人が、飛んできた破片だけを見て「200m先の事故のほうが先に起きた」と判断してしまうかもしれない。これは「先に起きたものが先に観測される」という因果律を壊している。しかし現実はそんな混乱した世界にはなっていない。因果律はどこでも成り立っているように見える。そして粒子と波が根本的に違うのは因果律だ。だから、もし粒子に対して因果律を厳密に要求したとしたら、波と粒子には区別がつかなくなる、だろう。

　アインシュタインの特殊相対性理論は、粒子に対して「因果律の厳密な要求」を課すことが根幹の設計思想にある。これこそが「光速度不変」の原理だ。因果律を厳密に守るためには、粒子に対して上限のスピードが定められていなくてはいけない。それを絶対視すると、今度は粒子が衝突するとき、「エネルギー保存則と運動量保存則が独立である」という部分にメスが入る。なぜなら、粒子のスピードはエネルギー保存則と運動量保存則から決まっているのだから、そこを色々いじくってスピード上限をかけるしかないからだ。ところで、そもそもどうして「エネルギー保存則」や「運動量保存則」があるのかというと、ネーターの定理というものがあって、時間とか空間が対称であるという条件から対応する保存則が出てくる。で、エネルギー保存則と運動量保存則をまとめるということは、つまり時間と空間をまとめて考えるということに他ならない。要するに、時間と空間は同じ座標上で書けるのだ、ということ

だ。具体的には、空間座標 (x, y, z) に対して時間座標 ict が対応して、時間と空間は四次元の (x, y, z, ict) というベクトルでまとめられる。同じく運動量とエネルギーもまとめることができて、$(p_x, p_y, p_z, iE/c)$ となる。光速度 c というのは、要するに時間と空間をつなぐ変換係数だったというわけだ。特殊相対性理論ではニュートン力学の運動量 mv に係数がかかり、$p = mv/\sqrt{1 - v^2/c^2}$ となる。これをもとに計算をすると、エネルギーと運動量の関係は、次のような絡み合った式になる。

$$E^2 = c^2 p^2 + m^2 c^4 \quad (c は光速、E はエネルギー、p は運動量、m は静止質量)$$

この式でもともとの運動量 p がゼロ…つまり粒子がとまっている場合…なら、有名な静止質量の式 $E = mc^2$ が出てくる。世間では $E = mc^2$ だけが一人歩きしているが、本当は、上限のスピードを保証するために、別個と思われていた保存則をまとめ上げたところに本質がある。

―――――― 歴史的事実：相対性理論 ――――――

ただし、歴史的な順番は少し違う。実は高校物理に出てくる電気の諸法則（ファラデーの電磁誘導やアンペールの法則といったもの）は 19 世紀にマクスウェルという人によって整理され、一組の式で書かれることになった。その式 (マクスウェル方程式) から予測された「電磁波」が、当時の最新技術ではかられた光速と一致したことから、光の正体は電磁波である、という結論になった。ところが、このマクスウェル方程式では、光の速度は、光源に対して止まっているか、動いているかによらず、すべての観測者に対して同一であることになっている。当時の学者たちが、それをおかしいおかしいと思っていた中、アインシュタインは逆にマクスウェルの式のほうが正しくて、観測者によって速度が変わるほうが変だと考えただけなのだ。そういうわけで、アインシュタインは何もなしにいきなり因果律の問題に行き着いたわけではない。

話を粒子と波に戻そう。粒子と波に観測上の違いがないなら、それは同じものと見なされるべきだ。そこでもしも、粒子と波が同じものであるならば、従来、波と思われていたものも粒子として捉えられるかもしれないし、従来粒子と思われていたものも波として捉えられるかもしれない、と考えられる。前者の代表例が電磁波と光子の関係、後者の代表が電子波と電子の関係だ。アインシュタインは前者の関係…つまり、光が粒からできているという仮説（および実験の説明）を作ってノーベル賞をとった。後者は、アインシュタインよりあとに、ド・ブロイという人が作った物質波理論で、これもノーベル賞になった。

粒子を波としてみたときに、どのような式が成り立つのか。ここでは仕方なく実験の知見

を借りる。その結果は次のようにまとめられる。

$$p = h/\lambda, \quad E = h\nu \quad (h \text{ はプランク定数}、\lambda \text{ は波長}、\nu \text{ は振動数})$$

つまり、波の運ぶ運動量は波長に反比例し、波の運ぶエネルギーは振動数に比例する、というわけだ。波長と振動数という波の二大変数が、運動量とエネルギーという粒子の二大変数に対応している。そして波長と振動数をつなぐのが波の速度であり、運動量とエネルギーをつなぐのも光速という速度である。とても綺麗な関係だ。

❷ シュレーディンガー方程式

アインシュタインは世界が粒子からできていると思っていたらしく、粒子物理の改良を頑張った。ところが、世界が究極的には波からできていると考えていた人もいる。それがシュレーディンガーだ。彼は世界がすべて波でできているなら、それはどんな式の波なんだろうか、と考えた。

高校生にとって波というのは正弦波だ。つまり $\sin kx$ である。しかし、大学生にとって波というのは複素数に拡張されていて、e^{ikx} だ。これは Euler の式 $e^{ikx} = \cos kx + i \sin kx$ で $\sin$ と $\cos$ に分解される。証明は両辺をテーラー展開すればいい。この二つの本質的な違いは絶対値にある。$|\sin kx|$ というのは x によって変化する。しかし $|\cos kx + i\sin kx|$ は、複素平面の単位円上にある点なので、絶対値は常に 1 である[*2]。

さて、まずは空間を進む一個の波を考えよう。どんな複雑な波でも、簡単な波を足し合わせれば表現できる[*3]ので、まずは簡単な波からいこうという方針だ。

こういう波は、高校生的には、波長を λ、速度を v、振幅を A とすると、

$$\psi = A \sin 2\pi(x/\lambda - vt)$$

と表現される[*4]が、実は色々あって、ここでは大学生的な波の形式、

$$\psi = Ae^{2\pi i(x/\lambda - vt)}$$

を採用する[*5]。で、この式に粒子と波の関係式 $p = h/\lambda, \quad E = h\nu$ を代入する。

$$\psi = Ae^{2\pi i(px/h - Et/h)}$$

[*2] あとで書くが、このことこそ「波動関数の確率解釈」の基礎である。逆に言えば、確率解釈を満たすために $\sin kx$ の形式は使えないのだ。

[*3] フーリエ展開という。量子力学の根幹の一つであるため、ちょくちょく出てくる。

[*4] 「ψ」は「プサイ」と読む。

[*5] これが結構な引っかけであるが、分かってる人は黙認したまいよ。

さて、ここからどうするか。シュレーディンガーは古典力学の範囲で考えた[*6]。古典力学の関係だと、$E = \frac{1}{2}mv^2$ と $p = mv$ から、

$$E = \frac{p^2}{2m}$$

という関係が成り立つ。位置エネルギー V（大学生的にはポテンシャルエネルギーというので、これからは格好良く「ポテンシャルエネルギー」と呼ぼう）がある場合はこれも足してやって、

$$E = \frac{p^2}{2m} + V$$

という関係になる。目指すは、これと先ほどの $\psi(x,t) = Ae^{2\pi i(px/h - Et/h)}$ を連立することである。そこで、高校物理にはない必殺技を導入する。それが偏微分だ。偏微分というのは、微分する変数以外は定数と見なしてしまう微分である。

ψ を x で偏微分すると、Et/h の項は x が入ってないので定数だと見なされ、バッサリ消えてしまう。結果はこうだ。

$$\frac{\partial \psi}{\partial x} = \frac{2\pi i}{h} p A e^{2\pi i(px/h - Et/h)} = \frac{2\pi i}{h} p\psi$$

同じく t で偏微分すると今度は px/h の項がバッサリ消えて、

$$\frac{\partial \psi}{\partial t} = -\frac{2\pi i}{h} E A e^{2\pi i(px/h - Et/h)} = -\frac{2\pi i}{h} E\psi$$

となる。∂ というのが偏微分の記号だ。係数 $h/2\pi$ が毎回出てきてうっとうしいので、$\hbar = h/2\pi$ として整理すると、次のような式になる。

$$\begin{cases} \dfrac{\hbar}{i} \dfrac{\partial}{\partial x} \psi &= p\psi \\ i\hbar \dfrac{\partial}{\partial t} \psi &= E\psi \end{cases}$$

これを日本語で書くと、「E を取り出すには ψ を t で偏微分して $i\hbar$ を掛ければいいし、p を取り出すには ψ を x で偏微分して $\hbar/i$ を掛ければいい」ということになる。p^2 を取り出したければ 2 回偏微分をすればいい。

あとはこれを

$$E = \frac{p^2}{2m} + V$$

[*6] いや、本当は相対性理論を使いたかったのだが、彼の方法そのままでは失敗した。

に代入する。まずは、両辺に ψ をかけて

$$E\psi = \frac{p^2}{2m}\psi + V\psi$$

としてから代入すると、

$$i\hbar\frac{\partial}{\partial t}\psi = -\frac{\hbar^2}{2m}\frac{\partial^2}{\partial x^2}\psi + V\psi$$

となる。これがシュレーディンガーの方程式だ。つまりシュレーディンガー方程式というのはエネルギーの式であり、解いて出てくるのもエネルギーである。で、もとの ψ は自由粒子の $Ae^{2\pi i(px/h-Et/h)}$ だが、ポテンシャルエネルギー V の形次第では、ψ の形も変わってくる。「シュレーディンガー方程式を解く」というのは、つまり V の形に応じた特殊な ψ（固有関数）を求めるということだ。ちなみにその ψ（固有関数）に対応するエネルギーをエネルギー固有値という。シュレーディンガーは次節に出てくるディラックと一緒に、この式の提出でノーベル賞を取った。

ちなみに、ψ は波である限り、足し合わせることができる。そこで、様々なパラメータの ψ を並べて連立方程式にし、全体としてまとめて計算することもできる。この形式はハイゼンベルクの行列表示といわれる[*7]。彼もまた、量子力学の創始者としてノーベル賞を取った。

しかし、注意すべきは、これらはあくまで古典的な関係式 $E = \frac{p^2}{2m} + V$ への代入だという点だ。もしも相対論的な式への代入をしたらどうなるんだろう。当然そう考えるのだが、シュレーディンガーの方法そのままではうまくいかない。それはまた後で書く。

❸ 不確定性原理

ここで、先ほどの E と p の偏微分式をもう一度じっくり見る。この式は、別に古典力学とか相対性理論など関係なく、ただ単に、物質と波の関係と波の式から作ったものだ。

$$\begin{cases} \dfrac{\hbar}{i}\dfrac{\partial}{\partial x}\psi = p\psi \\ i\hbar\dfrac{\partial}{\partial t}\psi = E\psi \end{cases}$$

これをじっくり見る。死ぬほどじっくり見る。両辺の ψ を消してやったらどうなるんだろうか？…こうだ。

[*7] ハイゼンベルクは最初、行列など考えずに式を立てたらしい。それを行列で整理するよう指導したのは、彼の師匠のボルンであるという。

$$\begin{cases} p = \dfrac{\hbar}{i}\dfrac{\partial}{\partial x} \\ E = i\hbar \dfrac{\partial}{\partial t} \end{cases}$$

みため、「エネルギーや運動量が偏微分の記号と同じ」という式になっている。もしも、複雑な物質で、物質を表す波 ψ が超絶複雑であったとしても、物質が波である限り、常にこの関係は成り立つはずだ。なぜならどんな複雑な波でも、簡単な波の重ね合わせ（線形和）に分解できるからだ。ということは、簡単に、古典力学の方程式で、エネルギーと運動量を偏微分の記号に置き換えてしまったら、物質波の概念を取り込んだことにはならないか？…なるのだ。なぜなら、この関係は見た目は怪しいけれども、要するに $p = h/\lambda$, $E = h\nu$ と連立する手間を極限まで簡単にしただけのことだからだ。世間で「量子化する」というのは、「p と E を偏微分の記号に置き換える」という機械的作業を意味することが多い。

しかし、やっぱり怪しい。エネルギーや運動量といった明らかに「量」であるものが、偏微分の記号と同じとか言われたって、不気味すぎるではないか[*8]。実は、「エネルギーや運動量が偏微分の記号と同じ」というのは、結構深遠な問題なのだ。というのは、偏微分の記号というのは記号の右側だけを偏微分するので、例えば $xp - px$ を計算してみると不思議なことが起こる。もちろん x と p が単なる量であればもちろん $xp - px = 0$ だ。しかし、p だけを $\dfrac{\hbar}{i}\dfrac{\partial}{\partial x}$ に置き換えてやると、

$$x\frac{\hbar}{i}\frac{\partial}{\partial x} - \frac{\hbar}{i}\frac{\partial}{\partial x}x = x\frac{\hbar}{i}\frac{\partial}{\partial x}1 - \frac{\hbar}{i}\frac{\partial}{\partial x}x = 0 - \frac{\hbar}{i} = i\hbar$$

となって、0 ではなくなる。同じことは E と t の間にも言えて、$Et - tE = i\hbar$ となる[*9]。これをかっこよく「交換関係」と呼ぶ[*10]。掛け算の順番に何の意味があるんだよ、と思うかもしれないが、この式からシュヴァルツの公式を使って x や p の誤差 Δx, Δp を計算すると次のような式が出てくる。

$$\Delta x \cdot \Delta p \geq \hbar/2$$

これを不確定性原理といい、「位置と運動量は同時に厳密な測定はできない」と和訳される。実は掛けて「エネルギー×時間」の単位になるような2つの量（xp もそうなのだ）は、すべ

[*8] ちなみに一応単位の整合はとれている。「$\hbar$」の単位はエネルギー×時間なので、時間で偏微分すればエネルギーになる。運動量も同様。

[*9] これは普通、時間とエネルギーの交換関係とよばれるが、量子力学では時間そのものは期待値としては扱われない。この辺の話は細かいので専門書に任せる。

[*10] アインシュタインがやったように x と t をまとめ、p と E もまとめて4次元のベクトルとしてみれば、一つの交換関係で書けてしまう点も面白い。

7

て、かけ算の順序を逆にすると $i\hbar$ だけ違った値が出てきてしまう。で、それに付随して不確定性関係が存在する。素粒子論においては、観測にかからない仮想的な過程というものを考えて理論を作ることが多いが、そうした過程を正当化するために「不確定性」は常套的に使われる。

❹ バネの演算子解法

それでは、ここで実際に一つの例を解いてみよう。粒子に働く力が $F = -kx^2$ の形になっている場合、つまり質量 m の粒子が振り子運動している場合のシュレーディンガー方程式だ。具体的な例としては、バネである。バネは定常状態で単振動をする。高校物理だと各変数の関係は次のような感じだ。

1. 運動方程式は、$F = ma = -kx$
2. 単振動なので、$x = A \sin \omega t$ とおく。
3. 速度 v は t で微分して、$v = A\omega \cos \omega t$
4. 加速度 a は v をさらに t で微分して、$a = -A\omega^2 \sin \omega t$
5. a と x を比べてやると、$a = -\omega^2 x$
6. これと運動方程式 $ma = -kx$ を比較すると、$k = m\omega^2$

シュレーディンガー方程式を作るには、まずポテンシャルエネルギーを求めないといけない。高校の教科書には、この場合のポテンシャルエネルギーが $V = kx^2/2$ であると書いてあるはずだ。$k = m\omega^2$ を代入すれば、$V = m\omega^2 x^2/2$ だから、バネのシュレーディンガー方程式は次のようになる。

$$E\psi = \left(\frac{p^2}{2m} + \frac{m\omega^2 x^2}{2} \right) \psi$$

ただし、偏微分記号をいちいち書くのが大変なので $-i\hbar \frac{\partial}{\partial x}$ は p と書いた。もちろん実際には偏微分のことなので、計算の際には $xp - px = i\hbar$ という関係に注意しないといけない。展開や因数分解で x と掛けるときには掛け算の順序に要注意だ。

さて、解く前に、問題をじっくり眺めることは大事だ。もしも x や p がとても小さな値 $(\Delta x, \Delta p)$ だったらどうなるか。前節で書いたように、Δx と Δp あいだには不確定性関係があるから、両方を同時にゼロにするわけにはいかない。となると、この E には 0 より大きなところに最小値がありそうだと気づく。実際、相加相乗平均を使うと、エネルギー E は、

$$E = \frac{\Delta p^2}{2m} + \frac{m\omega^2 \Delta x^2}{2} \geq 2\sqrt{\frac{m\omega^2 \Delta x^2 \Delta p^2}{4m}} = \omega \sqrt{\Delta x^2 \Delta p^2} = \omega \Delta x \Delta p$$

となり、さらに不確定性原理の式 $(\Delta x \cdot \Delta p \geq \hbar/2)$ から、

$$E_{min} = \frac{\hbar\omega}{2}$$

…となる。なんと量子力学の世界では、振り子のエネルギーが決してゼロにならないのだ。これを「零点エネルギー」という。

では、これをどうやって解いたらいいのか。大学の教科書には真面目に級数展開して頑張る解き方が書いてあるが、それは飛ばし、ディラックという人が編み出した必殺技的な解き方を紹介する。なお、前にも書いたが、シュレーディンガー方程式を解くというのは、ポテンシャル V の形に応じた特殊な ψ（固有関数）を求めることだ。本当は固有関数を求めたあとに、各固有関数に対応するエネルギー（エネルギー固有値）を計算するのが筋なのだが、今回の方法は必殺技的なので、固有関数を経由せずに、いきなりエネルギー固有値を求めてしまう。では頑張ろう。

まずは両辺から ψ をとって、次のように変形する。

$$\begin{aligned} E &= \frac{p^2}{2m} + \frac{m\omega^2 x^2}{2} \\ &= -\frac{(-2ip)^2}{8m} + \frac{(2m\omega x)^2}{8m} \\ &= -\frac{((m\omega x - ip) - (m\omega x + ip))^2}{8m} + \frac{((m\omega x - ip) + (m\omega x + ip))^2}{8m} \end{aligned}$$

次に因数分解するのだが、記号を簡単にするために、次のような置き換えをする。

$$a = \frac{1}{\sqrt{2m\hbar\omega}}(m\omega x + ip)$$

$$a^\dagger = \frac{1}{\sqrt{2m\hbar\omega}}(m\omega x - ip)$$

a と $a^\dagger$ は複素共役[*11]になっていて、掛けると実数になる。こうすると、

$$E = -\frac{\hbar\omega}{4}(a^\dagger - a)^2 + \frac{\hbar\omega}{4}(a^\dagger + a)^2$$

[*11] 虚部だけ符号が反対になっている複素数のペア。

となる。さらに変形すると、

$$\begin{aligned} E &= -\frac{\hbar\omega}{4}(a^\dagger a^\dagger - a^\dagger a - aa^\dagger + aa) + \frac{\hbar\omega}{4}(a^\dagger a^\dagger + a^\dagger a + aa^\dagger + aa) \\ &= \frac{\hbar\omega}{2}(a^\dagger a + aa^\dagger) \\ &= \frac{\hbar\omega}{2}(a^\dagger a + (aa^\dagger - a^\dagger a) + a^\dagger a) \end{aligned}$$

…となる。この真ん中の部分 $(aa^\dagger - a^\dagger a)$ は別途記号定義に戻って計算してみると、

$$\begin{aligned} aa^\dagger - a^\dagger a &= \frac{1}{2m\hbar\omega}((m\omega x + ip)(m\omega x - ip) - (m\omega x - ip)(m\omega x + ip)) \\ &= \frac{1}{2m\hbar\omega}(-i)2m\omega(xp - px) \\ &= \frac{(-i)i\hbar}{\hbar} = 1 \end{aligned}$$

…となるので、エネルギーはめでたく、$E = \hbar\omega(a^\dagger a + 1/2)$ になる。波動関数 ψ も一緒に書くと、

$$E\psi = \hbar\omega(a^\dagger a + 1/2)\psi$$

だ。ω は定数だから $a^\dagger a$ の値によって、E は様々な値になる。当然、波動関数 ψ もそれらのエネルギー値によって様々な形になる。では、具体的には E はどんな値をとるのだろうか？そこで波動関数 ψ_n に対するエネルギーを E_n として、試しにこれに左から $a^\dagger$ を掛けてみる。

$$\begin{aligned} a^\dagger E_n \psi_n &= a^\dagger \hbar\omega(a^\dagger a + 1/2)\psi_n \\ &= \hbar\omega a^\dagger(aa^\dagger - 1 + 1/2)\psi_n \\ &= \hbar\omega(a^\dagger aa^\dagger + (1/2)a^\dagger - a^\dagger)\psi_n \\ &= \hbar\omega(a^\dagger a + 1/2)a^\dagger \psi_n - \hbar\omega a^\dagger \psi_n \end{aligned}$$

$a^\dagger$ は t を含んでいないから E_n と交換してもよい。そこで左辺は、$E_n a^\dagger \psi_n$ となる。移項すると、$E_n a^\dagger \psi_n + \hbar\omega a^\dagger \psi_n = \hbar\omega(a^\dagger a + 1/2)a^\dagger \psi_n$ という式が得られる。さらに整理すると、

$$(E_n + \hbar\omega)\underline{a^\dagger \psi_n} = (\hbar\omega(a^\dagger a + 1/2))\underline{a^\dagger \psi_n}$$

だ。ここで、波動関数を $a^\dagger$ まで含めて、$\psi_{n+1} = a^\dagger \psi_n$ と考えれば、$E_n + \hbar\omega$ というエネルギーが $\hbar\omega(a^\dagger a + 1/2)$ を満たす、といっているわけだ。さらに、もう一度 $a^\dagger$ を掛けると、同

様に計算して「$E_n + 2\hbar\omega$ というエネルギーが $\hbar\omega(a^\dagger a + 1/2)$ を満たす」という条件が出てくる。逆に a を掛けると「$E_n - \hbar\omega$ というエネルギーが $\hbar\omega(a^\dagger a + 1/2)$ を満たす」という条件が出てくる。大学生は $a^\dagger$ のことを生成演算子、a のことを消滅演算子と呼ぶ。

論理的にはこれだけでは不完全なのだが、結果としてバネは、最低エネルギー $\dfrac{\hbar\omega}{2}$ から始まって $\hbar\omega$ つづ増える系列、つまり $\dfrac{3\hbar\omega}{2}, \dfrac{5\hbar\omega}{2}, \dfrac{7\hbar\omega}{2}\cdots$ と等間隔でとびとびのエネルギーをとることが分かっている。量子力学の世界では、振り子のエネルギーは 0 にならないだけでなく、とびとびの値しかとれないのだ。

❺ 粒子干渉と経路積分

粒子と波の違いについて、因果律に着目すると特殊相対性理論になった。それでは、粒子と波にはもっと他に着目すべき違いはないだろうか。

ある。「干渉するかどうか」というものだ。粒子は干渉しないが波は干渉する。もし粒子と波が同じものだというなら、粒子だって干渉してくれないといけない。そういう発想から出てきた思考実験が「二重スリットの実験」だ。電子を一つずつ、スリット（細長い穴）が二つある板を通してやる。電子は二つのスリットのどちらかを通って、スリットの先にある感光板にあたる。そうしたらひょっとして感光板に干渉縞があらわれるのではないか、というものだ。「そんな馬鹿な」と思うが、恐るべきことに今では実際の実験で干渉縞が確認されている。つまり、電子が少しならば感光板上の点はスリットの裏側にできる。しかしときたま、どっちのスリットから来たか分からないような位置に点が現れる。一点や二点なら何かの実験誤差で済んでしまうかもしれないが、実は多数の電子を当てまくると、そこにも一つの縞ができる。だから実験誤差ではない。やはり粒子は波のように振る舞うのだ。しかし、電子は毎回1個だけ独立に打ち出していて、それは確実に板上にあるスリットのどちらかを通るのに、それでは、電子はいったい何と干渉してるのか？

これを真面目に考えたのはファインマンという人だ。彼は粒子の「経路」に着目した。粒子が独立して打ち出されてるのは疑いようもない。にもかかわらず干渉縞があらわれるというなら、ひょっとして、粒子が通過する経路自体から干渉パターンが出てくるのではないか。もし経路によって干渉が起こるなら、少なくとも通過経路は複数なくてはいけない。その複数の経路同士が何らかのメカニズムで干渉し合うならば、多数の粒子を通過させたときには、それぞれが確率的に通過経路を選び、経路の干渉を反映して、通過粒子の干渉縞があらわれる、というわけだ。

これを実現するには、位置によって粒子の状態が決まってしまっていればよい。粒子が独立に打ち出されたとしても、同じスタート位置から同じ状態で出発した粒子は、ある経路を通

る限り、ある位置では同じ状態になる。しかし、(ここが大事なのだが) 取りうる経路は無数にあって、確率的に選ばれるのだ。同じスタート位置から同じ状態で出発しても、通過する経路によっては、同じ到達位置でも粒子は違う状態になる。そして、ある到達位置での実際の状態は、そこに至る無数の経路から来る状態の重ね合わせになる。経路の重ね合わせは経路同士の干渉を生み、到達位置の近くで干渉縞を作りうる。…と、こう考えれば、時間間隔をあけようがあけまいが、同じスタート位置から同じ状態で出発さえすれば、同じ干渉を起こし、干渉縞が観測されるというわけだ。これが「経路積分」の発想である。

ではこの考えをもとに式を立ててみよう。

いま、粒子が時刻 t_0 で位置 x_0 にあるとする。波で書くと $\psi(x_0, t_0)$ だ。少しだけ時間が経って、時刻 $t_0 + \Delta t$ になったらどうなるか。当然移動していて、位置も $x_0 + \Delta x$ になるだろう。$\psi(x_0, t_0)$ は $\psi(x_0 + \Delta x, t_0 + \Delta t)$ になる。具体的に書けば、$\psi(x_0, t_0) = e^{i/\hbar(px - Et)}$ という波が、

$$\psi(x_0 + \Delta x, t_0 + \Delta t) = e^{i/\hbar(p(x+\Delta x) - E(t+\Delta t))}$$

となる。これは指数の肩をまとめ直すと、

$$e^{i/\hbar(p\Delta x - E\Delta t)} e^{i/\hbar(px - Et)}$$

となるので、つまり、

$$\psi(x_0 + \Delta x, t_0 + \Delta t) = e^{i/\hbar(p\Delta x - E\Delta t)} \psi(x_0, t_0)$$

ということだ。この $i/\hbar(p\Delta x - E\Delta t)$ は波動関数の「位相 (phase)」と言われている。以下、位相を少し変形してみる。まず、肩の Δt をくくり出すと、$i/\hbar(p\Delta x/\Delta t - E)\Delta t$ となるが、Δt がとても小さな値なら、dt とすることができて、$i/\hbar(p(dx/dt) - E)dt$ になる。ここで dx/dt というのは速度 v のことに他ならないから、つまり、位相は $i/\hbar(pv - E)dt$ となるわけだ。

初めに $\psi(x_0, t_0)$ だった波は、微小時間毎に $e^{i/\hbar(pv-E)dt}$ が掛けられた形になる。そこで、ある位置、ある時刻 t での波動関数は、始点から様々な経路をたどってきた波 (それらは、その位置で振幅が大きかったり小さかったりするだろう) の重ね合わせになるから、つまり位相部分の積分になる。$i/\hbar$ は定数だから無視するとすれば、

$$\int_{t_0}^{t} (pv - E) dt$$

という積分の結果が、位置による波動関数の大きさの分布を与える。波動関数が粒子を表すなら、干渉の結果、振幅が大きくなる点を結んだ経路が、粒子が最も通過しやすい経路になるだろう。では、そんな経路は具体的にどういう経路なのか?

この積分には様々な位相が足し合わされるが、積分として大きな効果を持つのは、同じような位相がたくさん足し合わされる部分である。というか、そういう傾向を持つ経路が、積分結果の中で支配的になる。たとえ個々の位相が大きな振幅を持っていたとしても、すぐ隣で位相がすぐに変わってしまうような経路では、積分したら打ち消しあってゼロ近くになってしまうだろう。つまり、この積分の変化が緩やかになるような経路が、生き残る経路ということになる。実際にこれを計算するには変分法という少しややこしい計算がいるので本稿ではここまでにしておくが、この $pv - E$ というのは古典力学の世界で「ラグランジアン」と呼ばれる量[*12]で、この考えは途中から古典力学（解析力学）の思考そのままになっている。古典力学は、この積分の変化が緩やかになるような経路をとるんだ、ということを「原理[*13]」に据えて作られるが、経路積分はその裏付けをしているわけだ。しかも粒子が様々な経路を通過しうるという考えは、粒子の干渉効果も説明できる。もっと驚くべきことは、シュレーディンガー方程式など全く解かなくても、最も取りやすい経路はいきなり計算できてしまうのだ。これが経路積分の凄さで、今では経路積分法から自由粒子のシュレーディンガー方程式を導く方法も知られている。量子力学には、有名なシュレーディンガー方程式（とハイゼンベルク方程式）の他に経路積分という三つの定式化がある。ファインマンもまた、経路積分でノーベル賞を取った。

❸ 量子力学の意味

❶ 確率解釈

さて。ここまで式を登場させることに突っ走ってきたので、その式の意味をすっ飛ばしてきた。とりわけ重要な問題は、「そもそも ψ とは何なのだ？」という問いだ。シュレーディンガーは純朴に物質を示す波を考えたが、物質の「何を」示す波なのか、という問いである。

問題はいくつもある。例えば、シュレーディンガー方程式はすべての項に ψ が入っているため、ψ を何倍しても方程式を満たしてしまう。物質の何かを表す波なのに、これでは何とも気持ち悪い。ψ が複素数である、というのもよく分からない。そんなものが実世界でどうやって観測できるのか？ ψ の単位も気になる。シュレーディンガー方程式はエネルギーの式だとはいえ、Et や px は $\hbar$ で割って無次元化されていて、ψ 自体の単位がよく分からない。

[*12] pv に $1/2$ がついていないと気になる人もいるだろう。ラグランジアンの定義は「運動エネルギー (T) − 位置エネルギー (V)」である。本稿の E は古典力学の世界ではハミルトニアン (H) と呼ばれ、$H = T + V$ の関係がある。ここから、$L = 2T - H$ という式が出てくる。つまり運動エネルギーの2倍から E を引いたものがラグランジアンである。

[*13] 最小作用の原理、という。

実際 ψ を微分してもとの ψ が出てくるということは、ψ 自体に単位がないことを意味する。しかし物理において単位がない波動というのは、そもそも何なのだ？

まだある。ポテンシャルエネルギー V の形次第では、ψ は一つに定まらず、いくつもの解が出てくる（だから本当は ψ はベクトルで表され、$|\psi\rangle$ と書かれるのが常だ）点だ。現実に観測される粒子はその中の一つの ψ に対応しているわけだから、どうも条件が足りてない気がする。何か付け加えて、ビシッと一つの答えが出てくれないと物理という感じがしないではないか。ψ の解が複数あって一つに定まらない点は、アインシュタインを激怒させた。

実際のところ「波と粒子が同じものである」という発想は、波を分割しようとするとわけがわからなくなる。いま、電子がある幅のある波動関数だったとして、波動関数の真ん中にバッサリと仕切を入れてしまったら、その電子は分割されるのだろうか？ そんなことあるわけない。電子は素粒子だから分割できず、完全な電子が仕切られた領域のどちらかで観測されるだけだ。それだったら、ψ という波はいったい何なのだ？

量子力学誕生期の科学者たちは延々と ψ の意味を議論した。世界が粒子だと思っている人たちと波だと思っている人たちが激突した。そして一つの帰結に達した。量子力学は条件が足りていないのではなく、「確率」を与える学問なんだというものだ。そして物理学がそれまで区別していなかった「状態」「物理量」「観測値」を別のものとして区別すべきだ、ということになった。

この議論の帰結を端的に書くならば『ψ は実在の波ではなくて、「状態」を表す抽象的な波である。そして、「物理量」の「観測」によって ψ の複数解から一つの「観測値」が決まる。このとき、どのような解が決まりやすいかは、$|\psi|^2$ で与えられる確率分布に従う』…ということになる。確率なのだから ψ に単位は要らない。ψ が複素数でも絶対値をとって2乗すれば実数になる[*14]。$|\psi|^2$ が確率分布であるなら、それを全空間で積分したら1にならないといけない。確率の和は1だからだ。このことが ψ の振幅に制限を与える。

これは波動関数の確率解釈といわれている。ただし宿題も残った。「どうやって波動関数の一つの解が選択されるか」のメカニズムが分からないのだ。その後、なんと半世紀以上を経て、今日までそのメカニズムをめぐった論争が続いている[*15]。

❷ 変換理論

確率解釈によって、ようやく「粒子と波」という異質なものに折り合いがつけられた。しかし「観測」とか「状態」というのはどうも哲学的でよく分からないし、そもそもシュレーディン

[*14] $|a+bi|$ の2乗は a^2+b^2 なのだ。
[*15] しかし量子力学の計算結果は、驚異的に実験と整合するので、実用上は何の問題もない。

ガー方程式はエネルギーの式でしかなく、運動量や位置や角運動量や、その他の様々な量についての式がどうなのかさっぱり分からない。

ここで再びディラックが登場する。彼はシュレーディンガー方程式を拡張することで、これらの問題を整理しようとした。

ここでまず、今まで一貫してきた考え方に根本的な解釈の変更を求めないといけない。今まで「量子化」とは「物質波」という実験事実をベースに、それと従来の波を連立した結果として、p と E を偏微分記号（演算子）に置き換えることだと書いてきた。しかしここで発想を逆転する。そもそも「何かしらの量を演算子に置き換えること」のほうが先で、その帰結として物質波が出てきたと解釈するのだ。やってることは同じで、ただの解釈の違いだけなのだから、どちらでもいいはずだ。

この発想の上に、ディラックはシュレーディンガーが「どんな複雑な波でも、簡単な波を足し合わせれば表現できる」と考えていたことに注目した。これは理系大学生のあいだでは広く「直交基底展開」（の逆変換）と呼ばれる。そして彼は「演算子とそれに対応する直交基底の組」こそが量子力学の骨格であると考えた。

直交基底という概念は少しややこしい。例えば $\psi(x) = a + bx + cx^2$ という関数があるとする。この関数を各軸が $(1, x, x^2)$ という 3 次元の空間上にある (a, b, c) というベクトルだと考えるわけだ。しかし軸の取り方次第では、3 次元には収まらない。例えば同じ $\psi(x) = a + bx + cx^2$ でも、各軸が $(e^{ix}, e^{2ix}, e^{3ix})$ という空間（フーリエ変換という変換の舞台だ）だとどうやっても正確には書けない。この場合、正確に ψ を書こうとすれば、各軸が e^{ikx} (k は整数) になっている無限個の軸－つまり無限次元の空間－が必要で、その上で ψ は無限個の成分を持つベクトルになる。一般的にいえば、ある関数 ψ は軸の取り方を適切に決めて、無限次元の空間を考えれば、ベクトルだと考えることができる。この「適切な決め方」を数学では「直交する」といい、無限次元で軸同士の間隔が連続に詰まったベクトル空間のことを「ヒルベルト空間」という[16]。量子力学の教科書ではいきなりヒルベルト空間という用語が出てきて初学者を脅すが、ビビることはない。軸が無限個あるだけの、ただのベクトル空間だ。

直交するような軸の取り方は、大きく分けて二つある。デルタ関数型 (位置の波動関数) と平面波型 (運動量の波動関数) だ。もし元の状態 ψ がデルタ関数に近ければ、デルタ関数型の軸では簡潔に書けるが、平面波型の軸では無限個の成分が必要になる。逆も同じで、もし元の状態 ψ が平面波に近ければ、デルタ関数型の軸では無限個の成分が必要になってしまう。この成分の数を（若干語弊はあるが）スペクトルの幅、といい、ある関数 ψ について、デルタ

---

[16] 連続的なベクトル、というところが少々難しいが、基本的には普通のベクトルと同じで、ピタゴラスの定理を無限次元に拡張したパーセヴァルの定理というものが大活躍する。

関数型で書くのに必要な成分の数（スペクトルの幅）と平面波型で書くのに必要な成分の数（スペクトルの幅）の積を考えてやると、これは一定値以下にはならない。実は不確定性原理とは、そのことを言っているのだ。

これらの骨格を使ってディラックは「量子力学では、観測される量に対応する演算子（あるいは行列）と、さらにそれに対応する直交基底の組があって、状態 ψ というヒルベルト空間上のベクトルがあったとき、観測というのは、観測したい量に対応する直交基底で ψ を展開することだ」…と考えた。展開すれば先の (a, b, c) のような無限個の成分を持つベクトルが出てくる[17]。この各成分が、観測されるべき量（固有値）になる。

例えばシュレーディンガー方程式は、エネルギーの演算子と、それに対応する波動関数という直交基底からできている。しかし本当は、観測される量であるなら別にエネルギーだけではなく、何を使って方程式をたてても良い。ディラックのこの一般化は、現在「変換理論」と呼ばれている。

❸ ベルの不等式

しかしこれがすんなり受け入れられたわけではない。未知のベクトルが観測によって展開されるという考え方に、最も激しく抵抗したのは、かのアインシュタインだ。彼は有名な反論[18]を書いた。それはおよそ次のようなことだ。

もしも値が2つしかとれない物理量があったとする。その合計は0であって、片方が1ならもう片方は必ず −1 である。で、いまある一つの粒子が二つに分解して、互いに反対方向に飛んでいくとする。十分時間がたって、互いに何光年も離れてから、片方を観測する。観測の理論によれば、片方を観測した瞬間にもう片方の状態が決まる。ということは、ある片方を観測した瞬間に、何光年も離れた片割れの状態が決まるということだ。ではそういう情報はどうやって伝わるのか？ 少なくとも、どんなに遠くにあっても観測した瞬間に状態が決まるというのであれば、光速を超えて情報が伝わっているのではないか？ これは相対性理論に反するんじゃないか。

よく考えると、状態が決まってもそれを伝達する手段がないので情報は光速を超えて伝わらない。しかしアインシュタインは、そんなにややこしく考えなくても、単に粒子が分解した時点ですでにどちら向きの粒子として観測されるかが決まっていて、量子力学が不完全だからそれがきっちり分からないだけではないのか、と考えた。つまり、量子力学にはまだ知られていない深い構造があって、それが測定結果を決めているはずだ、と。

---

[17] (a, b, c) はたまたま3次元でしかないが。
[18] 現在それは「EPR相関」と呼ばれる量子通信の原理になっている。

―― 歴史的事実：スピン ――

この「値が 2 つしかとれない量」は実在し、具体的には「スピン」と呼ばれる。スピンは大事な概念であり、量子力学の教科書では、ほぼ確実に章を割いて説明されるが、本稿では、ストーリー上傍流になることと、群論という少々面倒な数学を扱う必要があるのと、(これが最も大きいが) 筆者本人がその本質をよく理解していないということから、歴史的な説明を述べるのみにする。

そもそもの発端は、電子に磁場をかける実験 (シュテルン-ゲルラッハの実験) から始まる。電子をビーム上にして磁場を通過させると、電子は磁場と同じ方向に、二つのみの方向に分かれるのだ。電子は電荷を持っているが、磁場と同じ方向に分かれるということは、実は小さな磁石でもあることを意味する。電子はなぜ磁石になっているのか？簡単に思いつくメカニズムは、電子に大きさがあって、クルクル自転していると思えばいい。電荷が電子の中に分散していれば、電荷が回転することになるから、それは小さな磁石になる。このとき、回転方向には右か左かがあり、その結果、二つの方向のうちどちらに行くかが決まるというわけだ。質量のある電子が回転するということは、角運動量 (高校では習わないかもしれないが、要するに「運動量 × 半径」のことだ) を持つことを意味する。スピンとは、この角運動量に他ならない。スピンは回転が左巻きか右巻きかに対応するので、二つの値しかとれない。伝統的にそれは「↑」と「↓」で表される。ところがここで問題なのは、実験事実としては、電子に大きさがない、あるいは大きさが測定できないほど小さいということだ。大きさのない点が回転しているというのは理解に苦しむ。素粒子物理の世界では、仕方がないので、スピンを「内部量子数」として、粒子の内部空間（という自由度を仮定する）の性質と考えている。

アインシュタインのこの反論を実現する実験はベルという人が考え出し、1980 年代に入ってからアスペという人によって実証された。結果からいうと、量子力学のほうが正しかった。つまりアインシュタインが言ったような、量子力学の深い構造は否定されてしまったわけだ。その実験は少しややこしいが、まさに実験でしか決められない大事な問題なので、ここに参考までに書いておく。なお、回転演算子やブラケットやスピン行列や、未定義の色々なものが登場するが、読み飛ばしてもストーリー上は問題ないので、計算の雰囲気を感じてもらうだけでもいい。

$x-z$ 平面上に異なる方向の粒子を検知する観測ディテクタ a, b, c がある、とする。b は a に対して θ、c は a に対して ϕ だけ回転した位置にある。ここで、二つのスピン粒子を検出す

ることを考える。二つの粒子はスピン0の粒子が分解したものであり、粒子1のスピンが上向き (↑) なら、粒子2のスピンは必ず下向き (↓) だ。

ディテクタ3つではかる場合の全組み合わせは下記の通りである。粒子1, 2のスピンはどのディテクタではかっても必ず反対向きになっている。

確率	粒子1	粒子2
C_1	↑$_a$↑$_b$↑$_c$	↓$_a$↓$_b$↓$_c$
C_2	↑$_a$↑$_b$↓$_c$	↓$_a$↓$_b$↑$_c$
C_3	↑$_a$↓$_b$↓$_c$	↓$_a$↑$_b$↑$_c$
C_4	↑$_a$↓$_b$↑$_c$	↓$_a$↑$_b$↓$_c$
C_5	↓$_a$↑$_b$↑$_c$	↑$_a$↓$_b$↓$_c$
C_6	↓$_a$↑$_b$↓$_c$	↑$_a$↓$_b$↑$_c$
C_7	↓$_a$↓$_b$↑$_c$	↑$_a$↑$_b$↓$_c$
C_8	↓$_a$↓$_b$↓$_c$	↑$_a$↑$_b$↑$_c$

ここで、ディテクタを2つにする。例えば粒子1をディテクタaで観測して↑であり、粒子2をディテクタcで観測して↑だった場合の確率を$P(\uparrow_a\uparrow_c)$とすると、これはC_2+C_3となる。同様にして計算すると下記の表のようになる。

$$\begin{aligned}P(\uparrow_a\uparrow_c) &= C_2+C_3\\ P(\uparrow_a\uparrow_b) &= C_3+C_4\\ P(\uparrow_b\uparrow_c) &= C_2+C_6\end{aligned}$$

ここで、各確率が（古典的に）排反であるとすると、次の不等式が成り立つ。

$$P(\uparrow_a\uparrow_c) \leq P(\uparrow_a\uparrow_b) + P(\uparrow_b\uparrow_c)$$

当たり前だ。これがBellの不等式である。以下では、この不等式が量子力学によって計算すると満たされないことをいおう。

まず、粒子1がディテクタaで↑と観測され、かつ粒子2がディテクタxで↑と観測される確率$P(\uparrow_a\uparrow_c)$を計算する。

いま、粒子1がディテクタaで↑と観測されたとすると、粒子2はディテクタaで必ず↓である ($P(\uparrow_a\downarrow_a)=1$)。粒子2がディテクタ$a$で↓である状態を$|\downarrow_a\rangle_2$とし、同じく粒子2がディテクタ$c$で↓である状態を$|\downarrow_c\rangle_2$とすると、ディテクタ$c$は$a$に対して$\phi$回転したものなので、状態$|\downarrow_c\rangle_2$と状態$|\downarrow_a\rangle_2$のあいだは回転演算で結ばれる。

スピンの波動関数を角αだけ回転させる演算子$D(\alpha)$は、状態$|\psi\rangle$に対して、次のように作用する。

$$|\psi'\rangle = D(\alpha)|\psi\rangle = \{\cos(\alpha/2)I + i\sin(\alpha/2)\sigma_\mu\}|\psi\rangle$$

σ_μはパウリのスピン行列という2×2の行列である。この式を見ても何だか分からないかもしれないが、そんなものだと思ってほしい。ここで、状態$|\downarrow_a\rangle_2$は状態$|\downarrow_c\rangle_2$をy平面内

で $-\phi$ だけ回転した状態に相当するので、

$$|\downarrow_a\rangle_2 = D_y(-\phi)|\downarrow_c\rangle_2 = \{\cos(-\phi/2)I + i\sin(-\phi/2)\sigma_y\}|\downarrow_c\rangle_2$$

である。{} 内の第一項は、単位行列に掛けるので、$\cos(-x) = \cos(x)$ を使い、そのまま $\cos(\phi/2)|\downarrow_c\rangle_2$ となる。第二項は、次のように展開する。

$$i\sin(-\phi/2)\sigma_y|\downarrow_c\rangle_2$$

$$= i\sin(-\phi/2)\begin{pmatrix} 0 & -i \\ i & 0 \end{pmatrix}|\downarrow_c\rangle_2$$

$$= i\sin(-\phi/2)(-i)|\uparrow_c\rangle_2$$

$$= \sin(-\phi/2)|\uparrow_c\rangle_2$$

$$= -\sin(\phi/2)|\uparrow_c\rangle_2$$

つまり、

$$|\downarrow_a\rangle_2 = \cos(\phi/2)|\downarrow_c\rangle_2 - \sin(\phi/2)|\uparrow_c\rangle_2$$

となる。この両辺に $\langle\uparrow_c|$ を作用させると、

$$\begin{aligned}\langle\uparrow_c|\downarrow_a\rangle_2 &= \langle\uparrow_c|\cos(\phi/2)|\downarrow_c\rangle_2 - \langle\uparrow_c|\sin(\phi/2)|\uparrow_c\rangle_2 \\ &= \cos(\phi/2)\langle\uparrow_c|\downarrow_c\rangle_2 - \sin(\phi/2)\langle\uparrow_c|\uparrow_c\rangle_2 \\ &= \cos(\phi/2)0 - \sin(\phi/2)1 \\ &= -\sin(\phi/2)\end{aligned}$$

2乗をとると、状態 $|\downarrow_a\rangle_2$ のときに $|\uparrow_c\rangle_2$ を観測する確率が得られる。

$$|\langle\uparrow_c|\downarrow_a\rangle_2|^2 = \sin^2(\phi/2)$$

「状態 $|\downarrow_a\rangle_2$ のとき」とはすなわち、「状態 $|\uparrow_a\rangle_1$ のとき」であるから、観測確率 $P(\uparrow_a\uparrow_c) = \sin^2(\phi/2)$ である。

全く同様にして、

$$P(\uparrow_a\uparrow_c) = \sin^2(\theta/2)$$

$$P(\uparrow_b\uparrow_c) = \sin^2((\phi-\theta)/2)$$

が得られる。これらを使って Bell の不等式を構成してみる。

$$P(\uparrow_a \uparrow_b) + P(\uparrow_b \uparrow_c) - P(\uparrow_a \uparrow_c) = \sin^2(\theta/2) + \sin^2((\phi - \theta)/2) - \sin^2(\phi/2)$$

これは古典的には常に 0 以上になるはずだが、ここで例えば $\phi = 2\theta$ とすると、

$$P(\uparrow_a \uparrow_b) + P(\uparrow_b \uparrow_c) - P(\uparrow_a \uparrow_c) = 2\sin^2(\theta/2) - \sin^2\theta$$

であり、これは $0 < \theta < \pi/2$ で負の値となる。すなわち、量子力学の計算では Bell の不等式が破綻している、というわけだ。

❹ 相対論と多数の粒子

ここまでの話は、ひたすら一つの粒子に対して「粒子と波が同じものだ」という発想に従って進んできた。ところが世の中にはたくさんの粒子がある。たくさんの粒子がある場合、「粒子と波が同じものである」という発想で、なにかおかしなことは起きないだろうか？ この節では（相対論への拡張をまじえながら）そういうことを考えていく。

❶ フェルミ粒子とボーズ粒子

複数の粒子を考えたとき、まず考えないといけない問題は、それらをどう区別するかという点だ。いわゆる粒子であれば単に数えれば良いが、波をどう数えたらいいのか？ もちろん波が遠く離れて独立していたら数えることもできるだろうが、波同士が極めて近い位置にあるとすると、どう区別するのかは問題になる。

　簡単な例として、同じ種類の粒子が 2 つある場合を考えてみる。具体例を挙げるなら電子だ。同じ電子であれば（スピンを除けば）質量も電荷も同じで全く区別はつかない。一つめの粒子を表す波動関数を ψ_1 とし、二つめの粒子を表す波動関数を ψ_2 とすると、両者が近ければ区別がつかないから、これらはまとめて一つの波動関数 ψ_* として書かれるべきだ。ではどう書かれるのか？

　確率解釈によれば、$|\psi_1|^2$ が粒子 1 がその状態にある確率、$|\psi_2|^2$ が粒子 2 がその状態にある確率なのだから、「両方が同時に、ある状態にある確率」は、確率の積で $(|\psi_1||\psi_2|)^2$ になるはずだ。そうなると、もし二つの波動関数をまとめて一つの合成波動関数として書くとすれば、その形は $\psi_* = \psi_1 \psi_2$ ぽいものになるんじゃないか、と考えつく。しかし実際はもう少し難しい。絶対値を掛けるならただの実数の掛け算だから問題ないが、生の波動関数を掛ける際には、ψ_1 の中にも ψ_2 の中にも p や x が入っているから、掛け算に順番を考えないといけない。交換関係の影響を排除するためには、次元的には $\psi_1 \psi_2$ であり、かつ式の中に ψ_1 と ψ_2 が対称に出てくるようにすべきだ。

そこで少し方針を変える。ψ_1 と ψ_2 を入れ替えて、また戻すことを考える。ψ_* はもとの形と同じはずだ。しかし、また戻さずに単に入れ替えるだけにしたらどうなるか？　入れ替えによって ψ_* が $\alpha\psi_*$ になるとすれば、二回入れ替えで元に戻る ($\alpha^2 = 1$) だから $\alpha = \pm 1$ という条件が出てくる。つまり1回の入れ替えで ψ_* が $-\psi_*$ になるようなタイプと ψ_* のままであるような2タイプの粒子がありそうだ、ということになる。実際にそれらは区別されていて、前者をフェルミ粒子、後者をボーズ粒子という。

フェルミ粒子は、入れ替えると波動関数にマイナスがかかるので、「次元的に $\psi_1\psi_2$ で、式の中に ψ_1 と ψ_2 が対称に出てくるような関数」という条件を考慮すると、例えば ψ_* として、

$$\psi_* = \psi_1\psi_2 - \psi_2\psi_1$$

という形が考えられる。ちなみにボーズ粒子だと、

$$\psi_* = \psi_1\psi_2 + \psi_2\psi_1$$

だ。ここで問題なのは、フェルミ粒子系において、ψ_1 と ψ_2 が全く同じだとすれば $\psi_* = 0$ になってしまうことだ。波動関数がゼロということは、つまりそんな状態は存在しない、ということを意味する。フェルミ粒子系では、ψ_1 と ψ_2 には必ず何かしらの違いがある、ということだ。

同様の話は同種粒子がもっとたくさんあったときにも成り立つ[*19]。つまり、任意の2個の粒子の入れ替えによって波動関数がマイナスになるかそのままであるかで、この世の粒子はすべてフェルミ粒子とボーズ粒子に分類される。電子や陽子や中性子はみなフェルミ粒子だ。ボーズ粒子の代表例は光子である。フェルミ粒子はどんなに多粒子であっても一つの状態に一つの粒子しか存在を許されない。これを「パウリの排他律」という。「状態」の中には位置の項もあり、一般的にフェルミ粒子同士は異なる空間を占有せざるえない。このことは、フェルミ粒子同士を近づけようとしても決して重ねることはできないことを意味する。そして、そうだからこそ、フェルミ粒子同士からできた世界は、有限の形を持つ。

❷ 相対論への拡張

それでは、ここで量子力学の特殊相対性理論への拡張を試みよう。シュレーディンガーの式をもう一度眺める。

$$i\hbar\frac{\partial}{\partial t}\psi = -\frac{\hbar^2}{2m}\frac{\partial^2}{\partial x^2}\psi + V\psi$$

[*19] 上で例にした $\psi_* = \psi_1\psi_2 - \psi_2\psi_1$ というのは、スレーター行列式という行列式の1項になっている。

このあたりで空間を3次元にしておく。別に本質的には何も変わらない。

$$i\hbar \frac{\partial}{\partial t}\psi = -\frac{\hbar^2}{2m}\left(\frac{\partial^2}{\partial x^2}+\frac{\partial^2}{\partial y^2}+\frac{\partial^2}{\partial z^2}\right)\psi + V\psi$$

ψ を時間で一階微分してるものと空間で2回微分してるものが同じだといっている。当たり前だが、相対性理論の関係式を利用してるわけではないので、空間と時間が同じ次元になっていない。これは明らかに相対性理論には矛盾している。せっかく相対性理論があるんだから、もう少し改良したらどうだろう。

手っ取り早い考え方は、関係式

$$\begin{cases} p_x &= \dfrac{\hbar}{i}\dfrac{\partial}{\partial x} \\[4pt] p_y &= \dfrac{\hbar}{i}\dfrac{\partial}{\partial y} \\[4pt] p_z &= \dfrac{\hbar}{i}\dfrac{\partial}{\partial z} \\[4pt] E &= i\hbar\dfrac{\partial}{\partial t} \end{cases}$$

を、いきなり相対論的な式 $E^2 = c^2 p^2 + m^2 c^4$ に代入することだ。

$$-\hbar^2\frac{\partial^2 \psi}{\partial t^2} = -c^2\hbar^2\left(\frac{\partial^2 \psi}{\partial x^2}+\frac{\partial^2 \psi}{\partial y^2}+\frac{\partial^2 \psi}{\partial z^2}\right)+m^2 c^4 \psi$$

…こうなる。これはクライン－ゴルドン方程式と呼ばれる[20]。しかしこの式には決定的な欠陥がある。それは「確率密度が連続の式を満たさない」という点だ。少しばかり計算が難しいのでここで詳しくは触れないが、要するに波動関数の2乗を全空間で積分してやった量（確率の総和）の時間微分（確率の総和の変化）が0にならないのだ。

❸ フェルミ粒子系の力学

シュレーディンガー方程式の基礎にあった「自由粒子」は、電子や陽子などのことだから、暗にフェルミ粒子が仮定されていたことになる。フェルミ粒子は突然なくなったり出現したりすることはないから、存在確率の総和が一定でないというのは、ちょっと許しがたい。そこ

---

[20] そういう名前だが、歴史的にはシュレーディンガーのほうが先に見つけていたらしい。もともとシュレーディンガーは時間2次の微分方程式を考えていたが、そうすると初期条件に二つの定数を与えなくてはならず、性質の良い式を作れなかったために、相対論化を断念したようだ。

で、またもやディラックという人が、クライン－ゴルドン方程式を何とかフェルミ粒子系に使えるようにできないかと考え、次のような結論に至った。「そもそも式が時間の2階微分になっているから良くない、何とか時間1階に書き直すべきだ！」

…と言ったって、もとの相対性理論の式が、$E^2 = c^2 p^2 + m^2 c^4$ という E(すなわち量子論的には $i\hbar \dfrac{\partial}{\partial t}$) について2次の式なのだから、どうにもならない。両辺の平方根をとれば E に関して1次になるが、演算子の外側に平方根があったら扱いにくくて仕方ない。

ディラックは逆に考えた。

$$i\hbar \frac{\partial \psi}{\partial t} = \left\{ -i\hbar c \left(\alpha_x \frac{\partial}{\partial x} + \alpha_y \frac{\partial}{\partial y} + \alpha_z \frac{\partial}{\partial z} \right) + \beta m c^2 \right\} \psi$$

という式の係数 α_*, β を適当に調整してやって、2回作用させればクライン－ゴルドン方程式になるようにできないか。もちろん通常の複素数係数ではそんなことはできるわけがない。で、色々と頑張る。ディラックは係数を行列にすることにした。話を端折るが、これは4行4列の行列 (Dirac 行列) だとうまくいく。よく使われるのは次のようなものだ。

$$\alpha_x = \begin{pmatrix} 0 & 0 & 0 & 1 \\ 0 & 0 & 1 & 0 \\ 0 & 1 & 0 & 0 \\ 1 & 0 & 0 & 0 \end{pmatrix}$$

$$\alpha_y = \begin{pmatrix} 0 & 0 & 0 & -i \\ 0 & 0 & i & 0 \\ 0 & -i & 0 & 0 \\ i & 0 & 0 & 0 \end{pmatrix}$$

$$\alpha_z = \begin{pmatrix} 0 & 0 & 1 & 0 \\ 0 & 0 & 0 & -1 \\ 1 & 0 & 0 & 0 \\ 0 & -1 & 0 & 0 \end{pmatrix}$$

$$\beta = \begin{pmatrix} 1 & 0 & 0 & 0 \\ 0 & 1 & 0 & 0 \\ 0 & 0 & -1 & 0 \\ 0 & 0 & 0 & -1 \end{pmatrix}$$

しかしだ、ここで注意点がある。係数が行列ということは、ψ がベクトルであるということだ。つまり具体的には、

$$i\hbar \frac{\partial}{\partial t} \begin{pmatrix} \psi_1 \\ \psi_2 \\ \psi_3 \\ \psi_4 \end{pmatrix} = \left\{ -i\hbar c \left(\alpha_x \frac{\partial}{\partial x} + \alpha_y \frac{\partial}{\partial y} + \alpha_z \frac{\partial}{\partial z} \right) + \beta m c^2 \right\} \begin{pmatrix} \psi_1 \\ \psi_2 \\ \psi_3 \\ \psi_4 \end{pmatrix}$$

…こうでないと、そもそも式が成り立たない。本来、ψ は一つで物質波の運動量もエネルギーも含んでいるのに、なぜ 4 つ組にならないといけないのだ？

そこでバシッと計算してやる。要素にゼロが多いので、計算は案外ラクで、

$$i\hbar\frac{\partial}{\partial t}\psi_1 = i\hbar c\left(\frac{\partial}{\partial x}\psi_4 - i\frac{\partial}{\partial y}\psi_4 + \frac{\partial}{\partial z}\psi_3\right) + mc^2\psi_1$$

$$i\hbar\frac{\partial}{\partial t}\psi_2 = i\hbar c\left(\frac{\partial}{\partial x}\psi_3 + i\frac{\partial}{\partial y}\psi_3 - \frac{\partial}{\partial z}\psi_4\right) + mc^2\psi_2$$

$$i\hbar\frac{\partial}{\partial t}\psi_3 = i\hbar c\left(\frac{\partial}{\partial x}\psi_2 - i\frac{\partial}{\partial y}\psi_2 + \frac{\partial}{\partial z}\psi_1\right) - mc^2\psi_3$$

$$i\hbar\frac{\partial}{\partial t}\psi_4 = i\hbar c\left(\frac{\partial}{\partial x}\psi_1 + i\frac{\partial}{\partial y}\psi_1 - \frac{\partial}{\partial z}\psi_2\right) - mc^2\psi_4$$

…という 4 つ組の式になる。しかしこれでは各項が絡み合いまくっていて、何だか分からない。そこで粒子が止まっているとしよう。$p = 0$ だ。これはすなわち $\frac{\hbar}{i}\frac{\partial}{\partial x, y, z} = 0$ ということだから、右辺第一項が丸ごとバッサリ消えて、

$$\begin{cases} i\hbar\frac{\partial}{\partial t}\psi_1 = mc^2\psi_1 \\ i\hbar\frac{\partial}{\partial t}\psi_2 = mc^2\psi_2 \\ i\hbar\frac{\partial}{\partial t}\psi_3 = -mc^2\psi_3 \\ i\hbar\frac{\partial}{\partial t}\psi_4 = -mc^2\psi_4 \end{cases}$$

となる。さすがにここまで簡単にすると全貌が見えてくる。左辺はエネルギーだから、怖ろしいことに ψ_3 と ψ_4 は、エネルギーがマイナスになってしまっているわけだ。そして ψ_1, ψ_2 などを見れば、同じエネルギーで異なる粒子が常にペアであるんだ、という帰結になる。ディラックは悩んだ。そして次のように解釈した。「これはスピンと反粒子を意味するのではないか」。つまり、エネルギーが同じでスピンが異なる粒子がペアであって、かつエネルギーが反対になっている粒子がそれぞれのペアとして存在する、と言っているのだ。「スピン」はともかく[*21]、この「反粒子」というのは何者か？

[*21] 本稿では詳しく扱わないが、この点は精密に検証されている。ディラック方程式にゲージ原理で電

もともと $p=0$ を仮定しているので、ここでいうエネルギーは運動エネルギーではない。mc^2 にくっついている相対論的な質量エネルギーである。そして、エネルギーが負であるような粒子が出てきた原因は相対性理論のエネルギー式 $E^2 = c^2p^2 + m^2c^4$ そのものである。E^2 の式なんだから、解いたら E としてプラスとマイナスが出てくるのは当然だ。ディラックは悩んだ。そして、「世界の全エネルギーを底上げしてしまえばいい」という、とんでもないロジックを生み出した。つまり、世界は本当は正物質と反物質のペアで出来ていて、正の物質が一個生まれれば、その穴としての負の物質が同時に生み出される、という考えだ。これを「空孔理論」という。もちろん、そんなおかしなコトはない。ところが、その妄想に少しだけ修正を加えると、案外スッキリとした理屈が出てくるのだ。

この修正のベースとなるアイデアは二つある。一つは、エネルギーがマイナスであるということは、時間に逆行する粒子を意味する、ということだ。これをイメージするのは難しいが、式の上では簡潔だ。例えば $\psi = Ae^{2\pi i(px/h - Et/h)}$ の中の E がマイナスになっても、t も同時にマイナスになってしまえば項の中で打ち消しあって ψ 自体は変わらない。t がマイナスというのは、意味としては時間逆行である。

もう一つのアイデアは現在 CPT 定理と呼ばれている。「粒子の時間を反転する変換は、電荷と空間を反転することと同じだ」という定理である。これは純然たるロジックから出てくるもので実験結果に依らず正しい。この二つを組み合わせると、例えば電子であれば、反電子というのは、「電荷が逆で、しかも空間的にも逆向きに進むような電子」と同じ、ということになる。実際、仮に電子の電荷だけが逆だったら、サイクロトロンで逆回転するだろうが、そこで空間も全部ひっくり返してしまえば、もとの電子と動きは変わらなく見えるだろう。ここで、空間の反転とは粒子がどちらの方向に進むかということなので、粒子の存在だけを考える時には無視しても良い。だからディラックの反粒子は要するに「電荷だけが反転する粒子が存在する」という予言になる。この予言はズバリ的中した。反電子（陽電子）の発見だ。しかしそれにとどまらない。ディラック方程式は一般的に自由粒子の波動方程式を相対論化しただけであって、具体的な粒子の種類は考慮していない。ということは、そこから出てきたスピンや反物質という概念は、あらゆるフェルミ粒子に適用可能だということになる。ディラックは妄想をふくらませた。反陽子と反電子から反水素ができて、同じように反ヘリウムや反酸素ができて…反物質世界ができるじゃないか。困ったことに、この妄想は事実で、陽電

磁場との相互作用を入れ、非相対論的近似を行うと、磁気モーメントと磁場との相互作用を示す項が現れる。これがまさに異常ゼーマン効果の説明のための電子の固有磁気モーメントに一致する。また、中心力場における電子に関するディラック方程式の定常解は、シュレディンガー方程式では出てこなかった水素原子の微細構造（同一の主量子数 n を持った状態のエネルギーでも縮退が解けていること）の実験結果を説明することができる。これらの事実から、ディラック方程式がスピン自由度を自然に導出しているとされる。

子の他、反陽子も実験で見つかり、今では人工的に反水素が作られているほどだ。ディラックも、反粒子を見つけたアンダーソンという人もノーベル賞を取った。

ちなみに電子を含めて、実在するほとんどの粒子は、電荷を逆にして空間をひっくり返せば（これを CP 変換と呼ぶ）、もとの粒子と全く同じになるのだが、例外もあり、それを CP 対称性の破れと呼ぶ。このような例外粒子の存在は、クォークが三世代存在するという小林－益川理論から出てくるが、彼らもノーベル賞を取ったことは記憶に新しい。CPT 定理は、CP 対称性が破れている場合、時間の対称性が破れていることを「保証」する。また、（サハロフ博士により指摘されたように）宇宙に反物質が少ない理由の条件のひとつが、CP 対称性が破れる素粒子反応が存在すること、となっている。そして実際、日本やアメリカで行われた実験により、そうした反応が観測されているのだ。

❹ ボーズ粒子系の力学　―序―

話を戻そう。フェルミ粒子は、ディラックがかなりアクロバットな方法で解決した[*22]。しかしボーズ粒子の方はどうなのだろう？ボーズ粒子の特徴は、複数の粒子が同じ状態をとれる点にある。だから、例えば空間の一点に無限にたくさんの粒子を押し込めることもできる。逆にいえば、ある空間上の点には、既に無限個のボーズ粒子が詰まっているかもしれない。フェルミ粒子と違って、お互い反発してくれないから、それらを区別して数え上げることはとても難しい。そんなボーズ粒子をどうやって扱ったらいいのか？

その話をする前に、もっと根本的な問題を示しておく。実は「粒子と波が同じものだ」という発想は、多数の粒子を扱うときに深刻な疑問が生まれる。それは、粒子を波ととらえると、粒子が「ぶつかる」ということが説明できない点だ。なぜなら、波というのは重ね合わせができるのだから、ぶつからずにすり抜けてしまうのだ。しかし粒子同士には「力」が働いていて、ぶつかったら跳ね返される。もしも粒子と波が同じだというのなら、「力が働く」という点を何とかしないといけない。

粒子同士に働く力とは何であるか？ボール同士がぶつかるなら、接触したときの力だけを考えればいいが、量子力学のような小さな世界では、接触するまでの過程のほうが大事だ。例えば止まっている電子 A に別の電子 B がぶつかるとすれば、まず電子 B が近づくにつれて、電子 B のもつ電荷による電場が強くなってきて、電子 A に影響を与え、電子 B が実際にぶつかるよりも前に、電子 A は電場によってはねとばされてしまう。これは重力場でも同じことだ。実はボール同士がぶつかるときでさえ、ボール表面の原子レベルで見れば同じような現象が起こっているだろう。となると、力の本質とは「場」との作用に他ならない。波が場に

[*22] といってもラムシフトとか色々問題はあったのだが、細かい点はパスする。

よってどう影響されるかを記述できれば、波も場によって変化させられ「ぶつかる」ということが表現できるだろう。

ここで疑問は二つに整理される。(1) 場とは何か、(2) 波が場によってどうなったら力が働いたことになるのか？

❺ ボーズ粒子系の力学 －場とは何か？－

量子力学が世界の本質を扱おうとするなら、場自体も量子力学的な対象として、シュレーディンガー方程式に似た扱いがなされるべきだ。古典力学において、場とは、そこに粒子がやってきたときに否応なく力を受けてしまうような空間の状態を指す。つまり、「力」を扱おうとする際には「空間自体を量子力学的に扱う」という、何だか得体の知れない問題に向き合わないといけない。

空間とは何か？ 数学的には無限の点が集まったものだ。場とは、その無限個の点のすべてにおいて、何らかの値が定義されている状態を指す。空間を作っている無限個の各点は自由粒子のようにどこかへ飛んでいくわけではなく、決められた場所で固定している。しかし場には何らかの量－例えばエネルギー－が蓄えられていて、そこを通過する粒子に様々な影響を与える。空間を量子力学で扱おうとするなら、この無限個の点すべてが「波であり粒子である」という状態にしないといけない。つまり、ある一つの離散的な対象（電子とか陽子とか）ではなくて、連続関数そのものを偏微分の記号（演算子）にしないといけないのだ。場を量子化するということは、演算子に置き換える対象を単なる量から「関数」そのものに変更することに他ならない[*23]。

ここで想像力を働かせる。空間の各点がそれぞれ波であり粒子であるのだとする。それはどんな粒子だろうか。そう、それこそがボーズ粒子ではないのか。ボーズ粒子はある一点に無制限にたくさん蓄積できる。だから、その一点では蓄積されたボーズ粒子の数に応じて、エネルギーやその他の物理量が様々な値をとれることだろう。これは場なるものを表現するのに最適ではないか。

…と、こう考えたのも例のディラックである。本稿ではややこしい数学を出したくない（のと紙面がない）ので詳細には立ち入らないが、彼はこの発想の試金石として、電磁場に着目した。マクスウェルの説くところ、光は電磁波という波であり、アインシュタインの説くところ、光は光子という粒子なのだから、電磁波のベースとなる電磁場を考察すれば、光子という粒子が出てくるはずだ。そして何より電磁場の素晴らしい点は、それを規定するマクスウェ

[*23] 関数の引数も連続関数なので、汎関数と呼ばれる。

ルの方程式が、最初から相対性理論を満たしている点にある[24]。だからディラック方程式のように、相対性理論と合わせようとして強引な方法をとらなくてもよい。

それでは、実際に電磁場から光子を導き出すにはどうしたらいいのか。ディラックは、電磁場をバネの集団と見なしてしまえばいい、と考えた。バネは振動するからエネルギーを持っているが、バネ自体が飛んでいくわけではない。場を表すのに最適だ。彼は演算子解法を思いついたほどのバネ専門家であり、そのエネルギーが「0ではないとびとびの値」であることを熟知していた。「とびとびのエネルギー」こそが光子という粒子の個数に対応しているのではないか。

実際の計算は大変に面倒なのだが、電磁波をフーリエ展開してそれぞれの成分について、エネルギーを計算してやると、電磁場のエネルギーが、

$$E = \sum_{\lambda>0} \sum_{p=1,2} \left(\frac{A_{\alpha\lambda}^2}{2\varepsilon_0} + \frac{k^2 \alpha_\lambda^2}{2\mu_0} \right)$$

という形でかける[25]。これとバネのエネルギー、

$$E = \frac{p^2}{2m} + \frac{m\omega^2 x^2}{2}$$

とを比較してやると、

- $x \to \alpha_\lambda$
- $p \to A_\alpha$
- $m \to \varepsilon_0$
- $\omega \to |k|/\sqrt{\mu_0 \varepsilon_0} = c|k|$

という対応が見えてくる。c は光速だ。x と p には交換関係があるので、同じく α_λ と A_α に交換関係を考えてやる。

$$\alpha_\lambda A_\alpha - A_\alpha \alpha_\lambda = i\hbar$$

…こうだ。で、バネのときの計算をそのまま転用すると、

$$\begin{cases} a_\lambda = \dfrac{1}{\sqrt{2\hbar\varepsilon_0 c|k|}} (\varepsilon_0 c|k|\alpha + iA_\alpha) \\ a_\lambda^\dagger = \dfrac{1}{\sqrt{2\hbar\varepsilon_0 c|k|}} (\varepsilon_0 c|k|\alpha - iA_\alpha) \end{cases}$$

という置き換えを使って、

$$E = \sum_{\lambda>0} \sum_{p=1,2} \hbar c|k| \left(a_\lambda^\dagger a_\lambda + 1/2 \right)$$

---

[24] なぜなら、アインシュタインは電磁気に合わせて力学を修正したのだから。

[25] ここで、ε_0 と μ_0 はそれぞれ真空の誘電率と透磁率という定数だ。p は偏光と呼ばれていて、光子でいうなら右巻きと左巻きがあると思えばいい。

となる。これが電磁場を光子の塊として見た場合の表現になる。注意点としては、電磁場の量子化では、交換関係が x と p にはならない。α_λ や A_α が何かというのは言葉で書くのは難しいが、意味としては電場と磁場の間の交換関係（を複雑に変換したもの）に相当する。場のエネルギーが増えるとは、場を作るボーズ粒子が"生成"することであり、式の上では生成演算子 $a_\lambda^\dagger$ が作用することに相当する。逆に場のエネルギーが減るとは、場を作るボーズ粒子が"消滅"することに対応する。演算子だと a_λ だ。ボーズ粒子は、いとも簡単に生成と消滅を繰り返す。

電磁場と同じ論法は、相対性理論を満たすように注意すれば、もっと他の場についても適用できる。今ではボーズ粒子の種類ごとに対応する場がある、と考えられている。光子や重力子などは「力を媒介する粒子」と呼ばれ、場としては電磁場や重力場が対応する。ノーベル賞受賞者の湯川博士が予言した中間子もボーズ粒子の一種だ。実は、ボーズ粒子はフェルミ粒子を複合して作ることもできる。例えば超伝導に出てくるクーパー対は2個の電子からなるボーズ粒子だ。

❻ ボーズ粒子系の力学 －ゲージ原理と力－

それでは波が場によってどうなったら力が働いたことになるのか？ それには経路積分の発想が役に立つ。経路積分では「物質波の位相があまり変化しないところ」が実際に粒子が通過する経路になったわけだ。ならば、粒子に力が働いて通過経路が変化することとは、経路を規定する各物質波の位相が変わることでではないのか、と考えられる。といっても、これを日本語で書く場合は注意が必要だ。「観測にかかるのは $|\psi|^2$ でしかないから、単に ψ の位相が変わっても絶対値は変わらないじゃないか」、というのは誤解だ。そうではなくて、空間の各点で物質波がそれぞれ位相変化を受ける結果として、「物質波の位相があまり変化しないところ」が変化する、のである。

では、空間の各点で、物質波の位相はどうやって変化するのか？ それは、空間のある点を通る物質波が、やってきた粒子の物質波と場の波とを合成した波となることで説明される。具体的に書けば、粒子の経路積分、

$$\int_{t_0}^{t}(pv-E)dt$$

の $pv-E$ の部分（ラグランジアン）に、場のラグランジアンが加算される。ただ、どうしてそうなるのか、というのは少しややこしい。それは、ゲージ原理というものから説明される。

ゲージ原理というのはもともと古典電磁気学で出てきた発想なので、電磁気学で説明するのが簡単だ。古典電磁気学というのは、要するに「様々な電磁気の実験結果が電場 E と磁場 B の方程式で書かれるよ」という学問なのだが、数学的に式を整理すると、実はベクトルポ

テンシャル A とスカラーポテンシャル V という量を使うと綺麗に式が書けることが分かった。ところが E と V の関係も、B と A の関係も（シュレーディンガー方程式のように）微分と積分の関係にあるため、解こうとしても積分定数が定まらない。しかし、実験結果は E と B で書かれるのだから、A と V の方程式は積分定数をどんな値にしても問題ないようになっているはずだ[*26]、と考えられる。で、逆に積分定数をどんな値にしても問題ないように A と V の式を組んだら、もとの E と B の式にならないか、という研究がされた。物理の世界では「積分定数を何にしても構わない」というのは「対称性」の一種と考えられ、対称性には保存則が対応する[*27]ので、つまり A と V の式に新しい何か未知の保存則を加えてやって、もとの E と B の式を求められないかという研究がされたわけだ。そして、面白い結果が得られた。大局的な電荷の保存則を拡張して、空間の各点で局所的に電荷が保存しているという条件を考えれば、それが「積分定数を何にしても構わない」ことに対応していたのだ。

少しややこしい書き方になるが、一般的に「ある何か大局的な変換に対する不変性を局所的な変換に対する不変性に拡張し、そのままでは方程式が一意に定まらないので、定まるように補償する項を導入して不変に保つようにすると、その補償した項が力として働く」ということが分かっている。これをゲージ原理という。この発想を最初に考え出し、極限までおし進めたのが、かのアインシュタインだ。彼は、時空座標によらない大局的なローレンツ変換を、局所的なローレンツ変換に拡張して方程式を不変にしようとすると、新しい力「重力」が自然に現れることに気づいた。これこそが一般相対性理論の本質である。で、この発想を量子力学にも応用すると、「空間の各点で勝手に物質波の位相をいじると、方程式の全体としては色々とよからぬことが起きるのだけれど、方程式の形が変わるのを補完するべく式に新しい項を加えると、その項が力を表す項に対応している」という感じになる。物理学者が頑張って具体的に計算して書き下すと、「経路積分のラグランジアンに、場のラグランジアンを加算すれば力を表現できる」ことを発見したのだ[*28]。

つまり、量子力学において「力」とは、局所的な位相の変化に対し、何事もなかったとうに補償しようとする作用として考えられる。この考え方を電磁場（光子）と荷電粒子に適用したのが、量子電磁気力学 (QED) であり、実験結果と驚異的に整合した。で、物理学者は気をよくして、量子力学の他の対象も同じ発想を適用した[*29]。例えば、フェルミ粒子の力学（ディ

[*26] これをゲージ不変性という。
[*27] 本稿の最初にでてきた「ネーターの定理」というやつだ。
[*28] 例えば、自然界には「弱い力」とか「強い力」という種類の力があるが、弱い力の場合は SU(2) の変換に対して、強い力の場合は SU(3) の変換に対して、それらの方程式が不変になるようにすると、それらの力が従う方程式が導出できる。
[*29] 実際にそれらは、経路積分と「繰り込み」と呼ばれる数学手法を組み合わせて計算される。物理学というのは、同じ手法ですべてを説明したがるものである。

ラック方程式）も場として書き直された。原子核をまとめている「強い力」も場で書かれた。他にも色々ある。うまくいく場合もあれば、いまだ解けなかったり実験結果と合わなかったりするものもたくさんある。このあたりは、素粒子理論と呼ばれているジャンルの一つの柱であり、現代物理学の一つの先端領域である。

❺ 参考文献

❶ 書籍

悲しいことに、日本は理系書に対する文化的意識が低いので、名著でもすぐに絶版になってしまう。図書館にしかない本が多いのは残念だ。理系書が絶版にならない社会になってほしい。いや、絶版にしてもいいから、そのときは PDF で誰でも読めるように公開してほしい。

- ディラック：量子力學 (ISBN: 978-4000061230)
  旧字体で味がある (=読みにくい) が、ディラックが書いただけあって、概念が整理されている。変換理論についてはこれとシッフの教科書がよいと藤本さんは語っていた。翻訳者はノーベル賞受賞の朝永振一郎氏。
- 清水 明：新版 量子論の基礎 (ISBN: 978-4781910628)
  ベルの不等式の重要性を説いている本。東大物理学研究会の人は、これを自主ゼミに使っていると言っていた。
- J.J. サクライ：現代の量子力学 (上巻 ISBN: 978-4842702223)
  スピン実験から方程式を組み上げていく隠れた名著。執筆者が学部学生の頃には、これと AQM が標準的な自主ゼミの教科書だった。
- 朝永振一郎：量子力学 (I 巻 ISBN: 978-4622025511)
  ディラックの本をさらに分かりやすくしたもの。丁寧に書かれている。ディラックに躓いたら、これを開くのがベスト。
- ファインマン：ファインマン物理学 (5) (ISBN: 978-4000077156)
  内容はともかく、表現は平易。教科書というより読み物。
- ランダウ-リフシッツ：量子力学 (非相対論 1 ISBN: 978-4489000584)
  数式だらけ。このシリーズ、執筆者はほとんど挫折してきた。今読むと分からなくもないのだが、最初に読むものじゃない。
- 清水 清孝：シュレーディンガー方程式の解き方教えます (ISBN: 978-4320033023)
  スタンダードなまとめノート。試験前 1 週間で知識をねじ込みたい場合に便利。

❷ ネット

ネットの場合 URL は変更されやすいので、タイトルは検索ワードである。

- Wikipedia：なんだかんだいって便利。
- EMAN の物理学：とてもわかりやすい上に丁寧。多方面で参考にさせてもらった。書籍にもなってる。本書は EMAN 氏に 1 冊進呈した。
- いろもの物理学者：素粒子物理の研究者前野氏。ガチ過ぎる PDF の授業ノートが大変参考になる。経路積分の解説は、無料で落ちてるものの中では、もっとも簡潔だと思う。メールを質問を出すとすぐに答えてくれたので感動。
- シュレーディンガー音頭：煮詰まったらこれを踊ると、周囲から MP を吸いとれる。ちなみに周囲の人が恥ずかしがって踊ってくれなかったのでプロダクトを作れなかった。関係ないが、執筆者は孤立特異点なので、そのうち誰かにブローアップされてしまうだろうと予感している。

３２ページの量子力学入門

2010 年 8 月 15 日 初版発行
2011 年 8 月 14 日 増補版一刷発行
2012 年 5 月 5 日 若干修正版発行
2014 年 12 月 1 日 若干修正版発行
2018 年 1 月 1 日 若干修正版発行

著　者　　シンキロウ（しんきろう）
発行者　　星野 香奈（ほしの かな）
発行所　　同人集会　暗黒通信団（http://ankokudan.org/d/）
　　　　　〒277-8691 千葉県柏局私書箱 54 号 D 係
頒　価　　300 円 / ISBN978-4-87310-035-7 C0042

乱丁・落丁は在庫があればお取り替えします。単純なミスは脳内で補完してください。内容がおかしい等の反論は遠慮なくお寄せください。

ⓒCopyright 2010-2018 暗黒通信団　　Printed in Japan